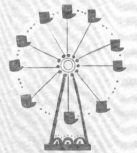

编程帮帮忙

不排队玩转游乐场

〔美〕乔希·芬克◎著　　〔美〕萨拉·帕拉西奥斯◎绘　　何　晶◎译

北京科学技术出版社

前 言

大家好，我是列什玛，"编程女孩"组织的创始人。

你们知道什么是编程吗？读了这本书你们就会知道，编程就是人类告诉计算机或者机器人如何执行任务，它也会告诉你们如何用创造力和想象力去定义、研究并解决各种各样的问题。

"编程女孩"是一个非营利性组织，旨在让每个女孩都学会编程。我们认为其实不用等到中学或者大学的时候才开始接触编程。孩子们在学龄前就开始学习动物、历史和太空等方面的知识，我们希望编程知识也可以成为每个孩子都熟悉的知识。这本书将编程的一些核心概念介绍给孩子们，希望他们长大后用编程改变世界。

希望各位小读者都能快乐地阅读，快乐地编程。

Reshma Saujani

列什玛·萨佳妮

大家好，我叫小珍珠。这是我忠实的机器人朋友——帕斯卡（Pascal）。
今天，我们来到了游乐场。

游乐场里好玩的项目太多了！
不过，我最喜欢的还是巨蟒过山车（Python Rollercoaster）。

代币兑换处

看看这张地图！有这么多游乐项目。
为了能度过非常愉快的一天，我将使用代码（CODE）。

4

代码是计算机可以理解的一组指令。
我有10枚代币（token），我要用它们玩上一整天。
我和帕斯卡可以通过使用变量（VARIABLE）来跟踪剩余代币的数量。

在代码中，变量就像一个盒子或容器。
但是，它装的不是玩具或零食，而是信息。

每个变量都有名称，这样你就知道你要跟踪的内容是什么。
此外，还要给每个变量赋值，变量值就是变量所持有的信息。

我们将变量命名为"我的代币"（MyTokens）。变量值从10开始。

MyTokens:
10

帕斯卡，谢谢你向我显示MyTokens的值。不用担心，机器人玩项目是免费的。现在，我们去玩巨蟒过山车吧！

看来玩巨蟒过山车得排很长时间的队。
也许过会儿排队的人会少一些。
那我们先去坐摩天轮吧。

摩天轮：乘坐1次1枚代币

我爱坐摩天轮。我可以一直坐一直坐！当我们想让计算机重复执行一个指令时，我们可以使用循环语句（LOOP）。现在，我们要重复的动作是乘坐摩天轮。由于每乘坐1次摩天轮就要消费1枚代币，我们可以使用以下循环语句：

我们每乘坐1次摩天轮，MyTokens的值就减1。

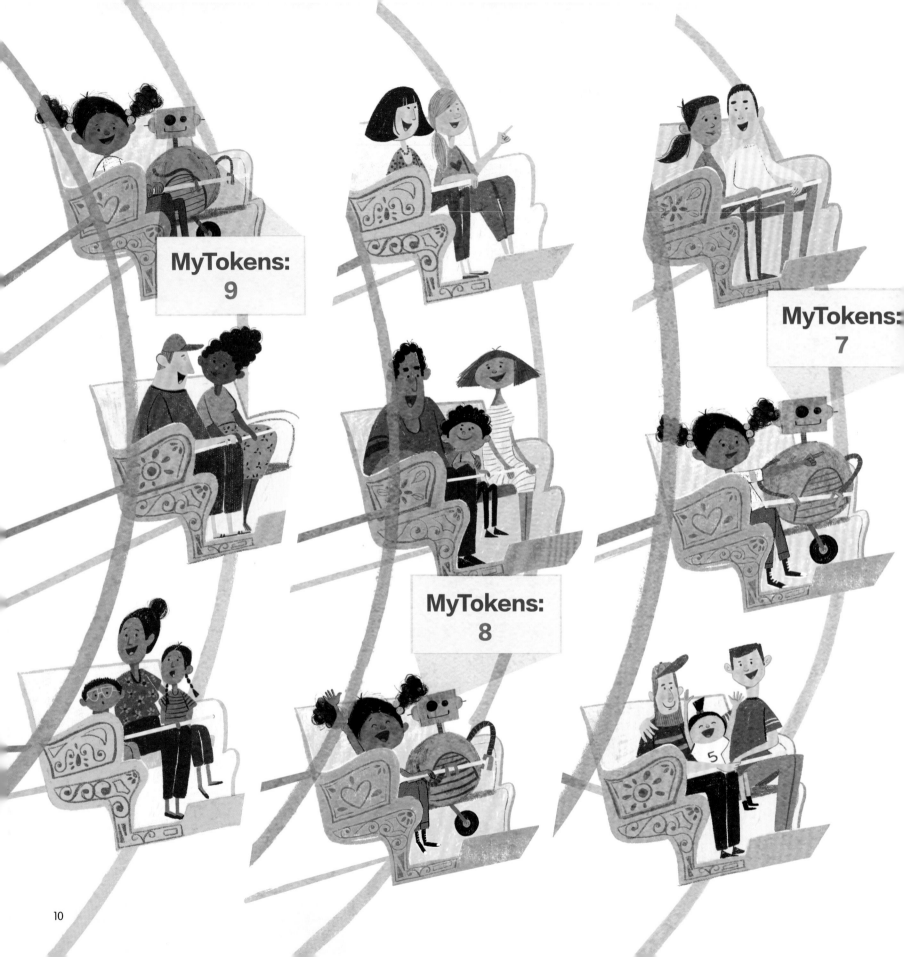

MyTokens:
9

MyTokens:
7

MyTokens:
8

10

3次足够了。我们赶紧去巨蟒过山车那里吧！

帕斯卡，我们不是要荡到过山车那里去。我们是要走过去。

但是，如果排队的人仍然很多，那该怎么办？我们是否应该尝试一下地图上的其他游乐项目呢？我们该如何决定呢？

啊，有主意了！我们可以使用另一个变量。
我们将其命名为"排队的人少"（ShortLine）。
它的值可以是"是"（true）或者"否"（false）。
我们可以用"如果-那么-否则"（IF-THEN-ELSE）
条件语句来决定下一步该怎么做。

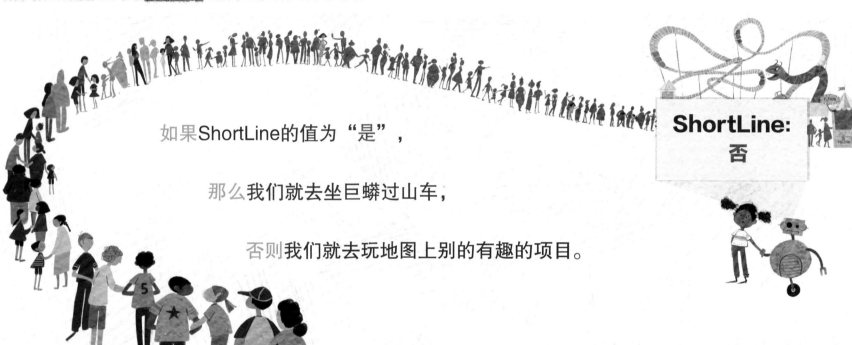

如果ShortLine的值为"是"，

那么我们就去坐巨蟒过山车，

否则我们就去玩地图上别的有趣的项目。

ShortLine: 否

那么我们去玩别的项目吧。
帕斯卡，地图呢？

帕斯卡，我不是说在地图上玩，我的意思
是从地图上找些有趣的项目来玩。

ShortLine:
否

小火车

1枚代币

ShortLine:
否

帕斯卡，瞄准靶心！

飞镖

ShortLine:
否

旋转茶杯

1枚代币

14

15

列什玛手工冰激凌：1勺1枚代币

哇！有这么多口味！我都不知道该选哪种了。

每种看起来都很好吃。

噢！"冰激凌口味"（MyIceCreamFlavor）可以是一个变量。

这次，我们要选择一个值。

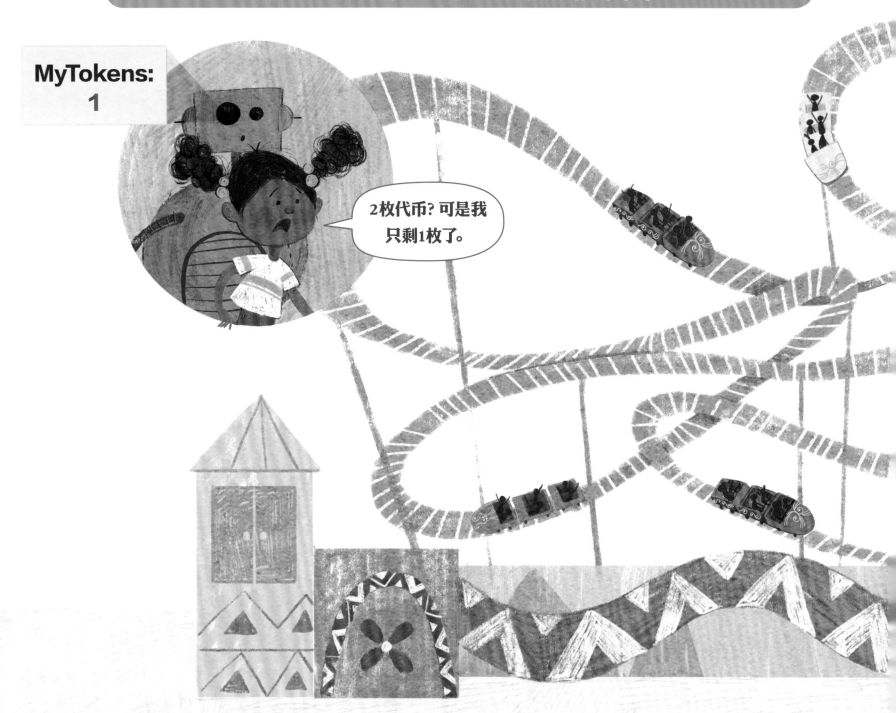

这真是太糟糕了！如果之前我只坐1次摩天轮，或者没有掷飞镖，又或者没有吃冰激凌……

那么我现在就有足够的代币了。

我们还需要1枚代币！我们要做的就是到有红色星星的
地方，找到藏在里面的字母。

嘿，"神秘密码"（SecretPassword）也是一个变量。
现在，我们要做的就是找到这个变量的值。

我想我知道应该去哪里找。
我们行动吧！

千兆世界

迎你★

飞镖

D、O、E、C，

这都不算一个词。

帕斯卡，我们必须将这些字母按照正确的顺序排列，以找出"神秘密码"（SecretPassword），就像代码需要按照正确的顺序编写才能正常运行一样。

等一下！我知道密码是什么了！

代码（CODE）又一次拯救了我的游乐场一日游。
现在我们已经知道了神秘密码……

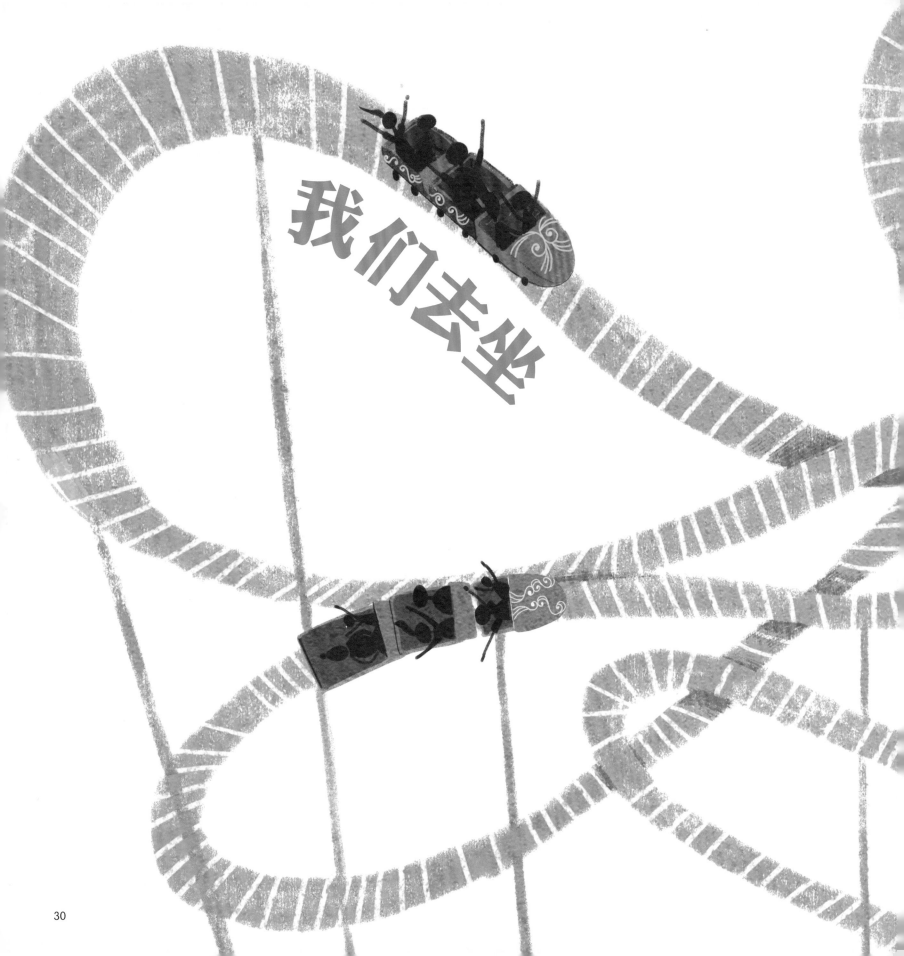

我们去坐

巨蟒过山车吧！

return(){}//结束

谨以此书献给安娜·斯坦尼斯热斯基、塔拉·拉扎尔和杰西·基廷。
——乔希·芬克

献给我的丈夫埃迪。
——萨拉·帕拉西奥斯

著作权合同登记号　图字：01-2019-7393

图书在版编目(CIP)数据

编程帮帮忙·不排队玩转游乐场 / (美) 乔希·芬克著；(美) 萨拉·帕拉西奥斯绘；何晶译. —北京：北京科学技术出版社，2020.5
书名原文：How to Code a Rollercoaster
ISBN 978-7-5304-9125-6

Ⅰ. ①编… Ⅱ. ①乔… ②萨… ③何… Ⅲ. ①程序设计 – 儿童读物 Ⅳ. ①TP311.1-49

中国版本图书馆CIP数据核字(2020)第050024号

编程帮帮忙·不排队玩转游乐场

作　　者：〔美〕乔希·芬克	绘　　者：〔美〕萨拉·帕拉西奥斯
译　　者：何　晶	策划编辑：石　婧
责任编辑：樊川燕	责任印制：吕　越
出 版 人：曾庆宇	出版发行：北京科学技术出版社
社　　址：北京西直门南大街16号	邮政编码：100035
电话传真：0086-10-66135495（总编室）	0086-10-66113227（发行部）
0086-10-66161952（发行部传真）	
电子信箱：bjkj@bjkjpress.com	网　　址：www.bkydw.cn
经　　销：新华书店	印　　刷：北京盛通印刷股份有限公司
开　　本：787mm×1092mm　1/12	印　　张：3.666
版　　次：2020年5月第1版	印　　次：2020年5月第1次印刷
ISBN 978-7-5304-9125-6 / T·1051	

定价：42.00元

小珍珠和帕斯卡编程指南

什么是代码（CODE）？

代码是让计算机执行任务（比如解决一个问题）的指令。

有时计算机执行的任务很复杂，所以程序员经常需要把复杂的任务分解为很多简单的小任务。

什么是变量（VARIABLE）？

变量是代码中包含值的任何内容，它的值可以更改（或变化）。变量必须具有名称，可以有许多不同的类型，可以是数字、字符或其他形式。本书中出现了以下变量和值。

我的代币（MyTokens）：
剩余代币的数量

排队的人少（ShortLine）：
此变量的值为"是"或者"否"（这种类型的值有时称为布尔值）。变量的值由排队的人的多少决定。

冰激凌口味（MyIceCreamFlavor）：
冰激凌的口味

神秘密码（SecretPassword）：
藏在公园中的星星中的字母组成的单词

小珍珠和帕斯卡编程指南

什么是循环语句（LOOP）？

循环语句是编程时常用的一种语句。它可以让计算机重复执行某些指令。

在本书中，小珍珠和帕斯卡在摩天轮项目上使用了循环语句。他们每乘坐一次，变量MyTokens的值就减去1。

什么是"如果–那么–否则"（IF–THEN–ELSE)条件语句？

"如果–那么–否则"条件语句就像回答一个答案是"是"或者"否"的判断题。如果答案是"是"，那么就去执行某个指令；如果答案是"否"，那么就去执行另一个指令。

在本书中，小珍珠使用"如果–那么–否则"条件语句决定是去坐巨蟒过山车，还是玩别的项目。她根据变量"排队的人少"（ShortLine）的值（"是"或者"否"）来做出决定。

什么是序列（SEQUENCE）？

序列是指按特定顺序编写的一组代码。讲故事的时候，如果句子的顺序打乱了，你就没法理解故事。编程的时候也一样，如果代码的序列错乱了，计算机就不能正常执行任务。

在本书中，小珍珠需要按正确的顺序排列字母以确定变量"神秘密码"（SecretPassword）的值。

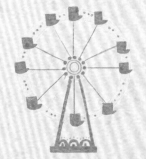